런런 속스피드 수학

KB130636

2권

10까지 수 세기

안녕!
나는 토탑이고
이 친구는 넘이야.

차례

 수 세기

 쓰기

 연필로 따라 쓰기

 선 잇기

 동그라미 하기

 색칠하기

 그리기

 놀이하기

 스티커 붙이기

0~5 숫자 따라 쓰기

 숫자를 따라 쓰세요.

0 0 0 0 0
1 1 1 1 1
2 2 2 2 2
3 3 3 3 3
4 4 4 4 4
5 5 5 5 5

0부터 5까지 숫자를 가리키며
큰 소리로 수 이름을 말해 봐.

0 1 2 3 4 5

0~5 수 알기

 편 손가락의 수를 세어 ☐ 안에 쓰세요.

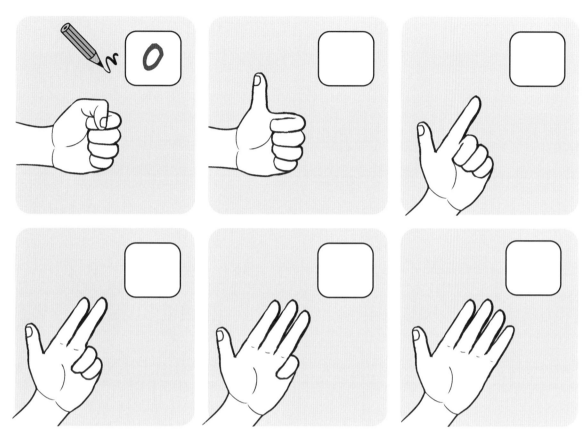

 케이크 위에 알맞은 수의 초를 그리세요.

잘했어!

칭찬 스티커를
붙이세요.

0~5 수 세기

 과일의 수를 세어 ☐ 안에 쓰세요.

0

아무것도 없는 것은
0 이야.

0 1 2 3 4

나뭇잎의 수를 세어 보고, 알맞은 숫자에 ◯표 하세요.

⓪ 1 2

0 1 2

0 1 2

3 4 5

3 4 5

3 4 5

순서대로
수를 세어 봐.

잘 했어!

칭찬 스티커를
붙이세요.

 수 카드 놀이

주사위를 굴려서 나온 수만큼 장난감 블록이나 벽돌로 탑을 쌓아요.

같은 색 색종이 여섯 장에 각각 숫자 0, 1, 2, 3, 4, 5를 쓰세요. 다른 색의
색종이 여섯 장에는 각각 0, 1, 2, 3, 4, 5개의 큰 점을 그립니다. 숫자를 쓴
색종이와 점을 그린 색종이를 나누어 뒤집어 놓은 다음, 각각 하나씩 골라
숫자와 점의 개수를 확인하세요. 숫자와 점의 수가 같으면 고른 색종이를 가져오고,
그렇지 않으면 다시 뒤집어서 같은 수의 숫자와 점이 나올 때까지 놀이하세요.

6 7 8 9 10

문제를 다 푼 다음, 32쪽으로!

동물의 수를 각각 세어 보세요.

고양이, 토끼, 강아지, 거북, 물고기의 수가 몇인지 세어 봐.

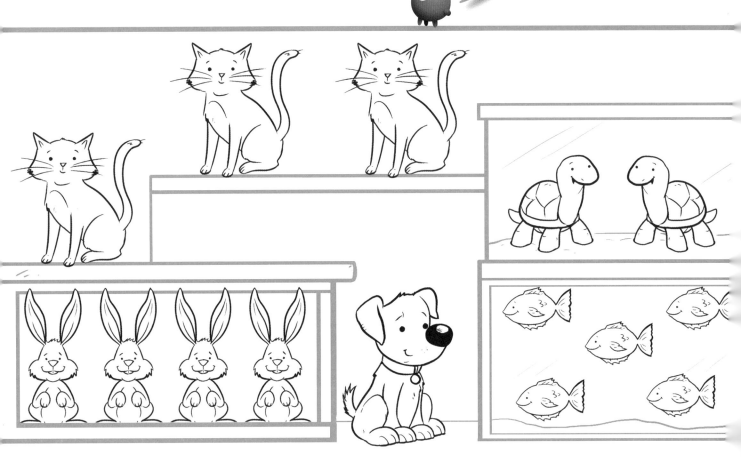

 빈칸에 동물의 수만큼 알맞은 숫자 스티커를 붙이세요.

0 1 2 3 4

0~5 같은 수 찾기

 동물과 먹이의 수가 같은 것을 모두 찾아 ○표 하세요.

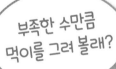

부족한 수만큼 먹이를 그려 볼래?

칭찬 스티커를 붙이세요.

 장난감 수 세기 놀이

하나, 둘, 셋, 넷, 다섯. 수를 세며 다섯 번 뛰어 봐요. 다섯 번 박수 쳐요.

구슬이나 작은 장난감 다섯 개를 작은 가방이나 상자에 넣어요.
손을 넣어 그중 몇 개를 꺼낸 다음, 수를 세어 말해 보세요.

6 7 8 9 10

문제를 다 푼 다음, 32쪽으로!

0~5 1만큼 더 큰 수 알기

같은 그림을 하나 더 그리세요.

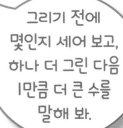

그리기 전에 몇인지 세어 보고, 하나 더 그린 다음 1만큼 더 큰 수를 말해 봐.

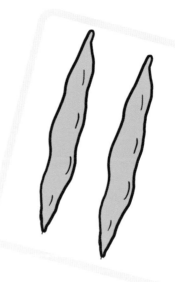

0 1 2 3 4 5

수가 하나 더 많은 쪽에 ◯표 하세요.

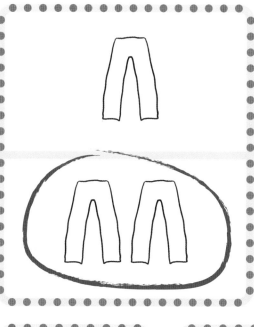

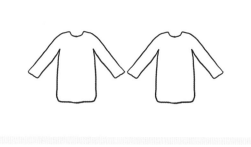

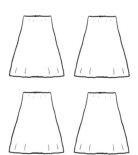

 장난감 수 세기 놀이

주사위를 굴려서 점의 수를 세어 본 다음, 1만큼 더 큰 수를 말해 보세요.

미니 자동차, 블록 같은 장난감을 다섯 개 준비해요. 다섯 개의 장난감을 두 그룹으로 가르기를 한 다음, 각 그룹의 수를 세어 보세요. 여러 번 수를 달리해서 두 그룹으로 가르기를 한 다음, 수를 세어 보는 활동을 해요.

칭찬 스티커를 붙이세요.

0~5 세어서 수 쓰기

 나무의 수를 세어 ☐ 안에 쓰세요.

☐

☐

☐

나무가 몇인지
각각 수를 세어 봐.

☐

☐

칭찬 스티커를
붙이세요.

☐

0 1 2 3 4 5

6~10 숫자 따라 쓰기

 숫자를 따라 쓰세요.

6   6   6   6   6

7   7   7   7   7

8   8   8   8   8

9   9   9   9   9

10 10 10 10 10

6부터 10까지 숫자를
가리키며 큰 소리로
수 이름을 말해 봐.

칭찬 스티커를
붙이세요.

6 7 8 9 10

문제를 다 푼 다음, 32쪽으로!

6~10 수 알기

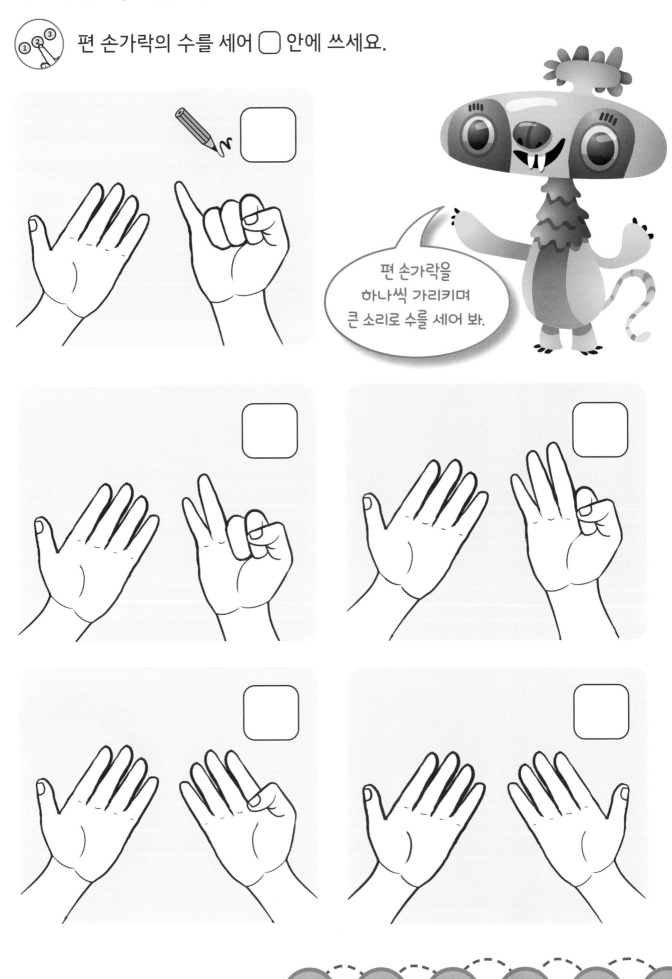

편 손가락의 수를 세어 ☐ 안에 쓰세요.

편 손가락을
하나씩 가리키며
큰 소리로 수를 세어 봐.

0 1 2 3 4 5

색연필의 수를 세어 ◯ 안에 쓰세요.

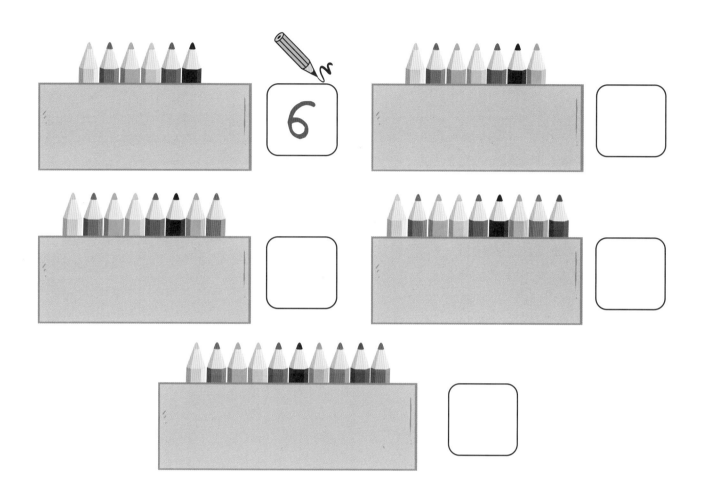

6

 손가락 수 세기 놀이

부모님과 함께 손가락 수 세기 게임을 해요. 양손의 손가락을 6부터 10이
되도록 편 다음, 셋을 셀 때까지 편 손가락의 수를 말해 보세요. 똑같은
수라도 손가락을 매번 다르게 펴면 더 재미있어요.

이번에는 손가락의 수를 세어 종이에 써 보세요.

칭찬 스티커를
붙이세요.

0부터 10까지
순서대로 수를 써 봐.

6~10 수 세기

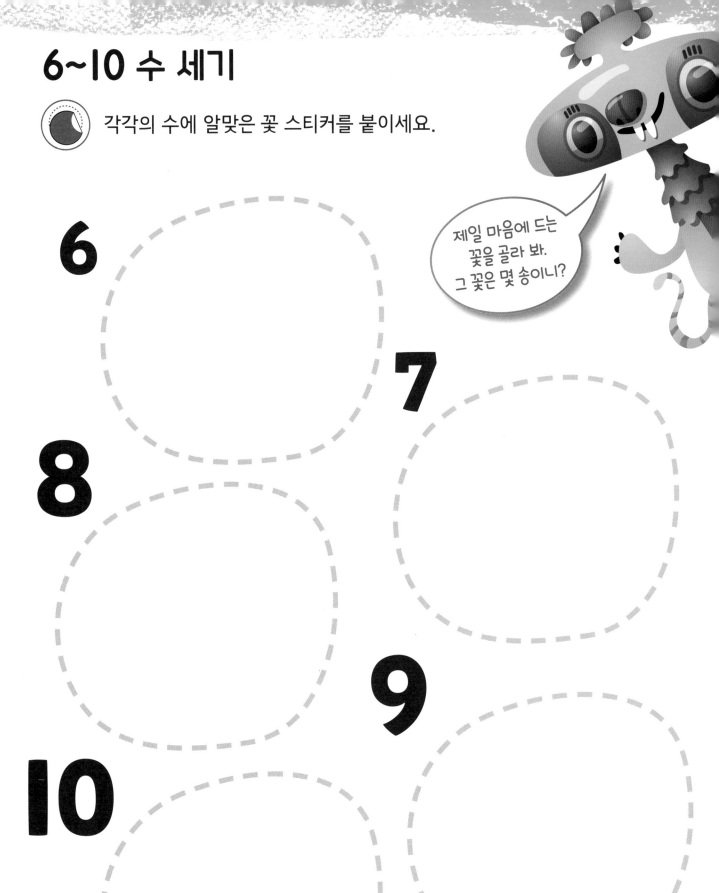

각각의 수에 알맞은 꽃 스티커를 붙이세요.

제일 마음에 드는
꽃을 골라 봐.
그 꽃은 몇 송이니?

6

7

8

9

10

0 1 2 3 4 5

책의 수를 세어 ⬜ 안에 쓰세요.

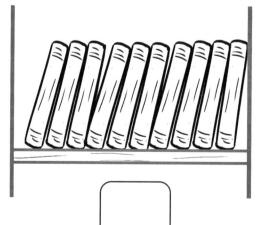

칭찬 스티커를 붙이세요.

6~10 수의 크기 비교하기

 ★★ 수가 더 많은 쪽에 ○표 하세요.

각각의 수를 세어 숫자를 쓰고, 두 수 중에서 더 큰 수를 찾아봐.

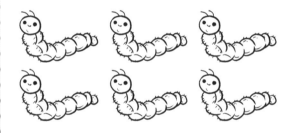

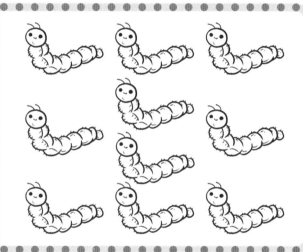

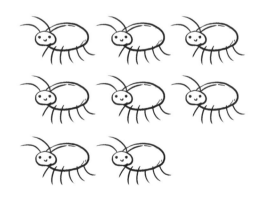

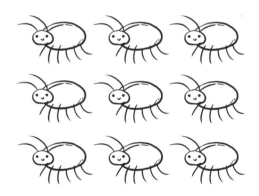

수가 더 적은 쪽에 ◯표 하세요.

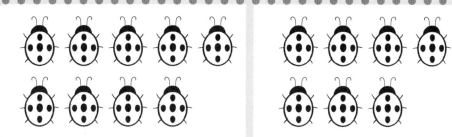

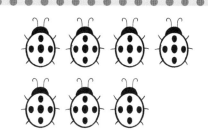

수를 셀 때는 하나씩 가리키며 차근차근 세어야 해.

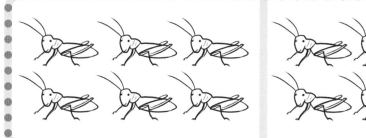 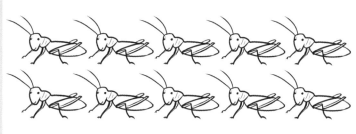

 수 크기 비교 놀이

공원이나 놀이터에 나가 나뭇가지나 돌멩이를 주워서 그 수를 세어 보세요.

빈 카드 다섯 장을 준비해요. 각각의 카드에 6부터 10까지 숫자를 쓴 다음, 숫자가 보이지 않게 뒤집어 놓아요. 두 장의 카드를 골라 수를 확인한 다음, 더 큰 수를 말해 보세요.

칭찬 스티커를 붙이세요.

6 7 8 9 10

문제를 다 푼 다음, 32쪽으로!

6~10 1만큼 더 큰 수 알기

 빈칸에 같은 모양을 하나 더 그리세요.

 같은 모양이 모두 몇인지 수를 세어
알맞은 숫자에 ○표 하세요.

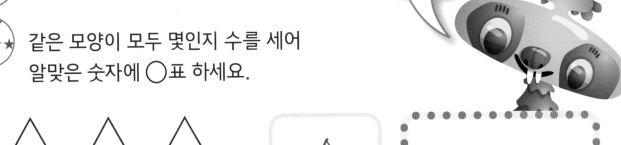
6부터 10까지
수의 이름을 말해 봐.

6 7 8

6 7 8

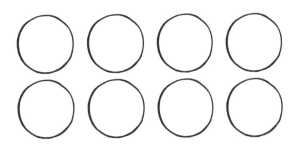

7 8 9

8 9 10

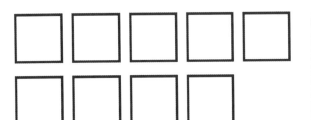 

8 9 10

0 1 2 3 4 5

각각의 수를 세어 보고, 1만큼 더 큰 수를 ☐ 안에 쓰세요.

6

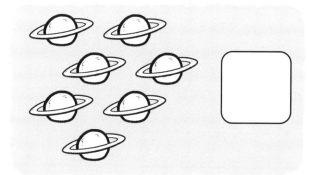

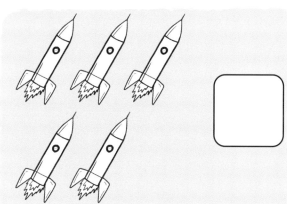

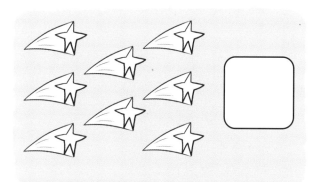

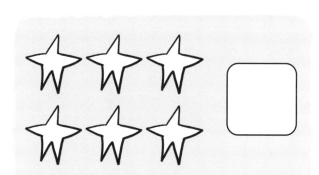

박수 한 번 더!
점프 한 번 더!

 한 번 더 놀이

주변에 있는 사물의 수를 세어 보세요. 10보다 적은 수의 사물이
좋아요. 사물의 수를 센 다음, 1만큼 더 큰 수를 말해 보세요.

큰 소리로 수를 세며 박수를 쳐요. 그런 다음, 크게 박수를 한 번 더 쳐요.
그리고 박수를 모두 몇 번 쳤는지 말해 보세요. 같은 방법으로 점프 놀이도
해 보세요.

칭찬 스티커를
붙이세요.

6~10 같은 수 찾기

 수가 같은 것을 찾아 선으로 이으세요.

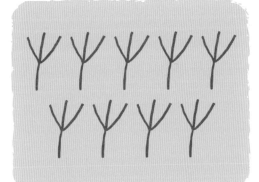

짝 지어진 물건 중에서 점의 수가 같은 것을
모두 찾아 색칠하세요.

같은 종류의
물건끼리 모여 있네.
물건에 있는 점의 수를 세어 보고,
수가 같은지 다른지
말해 봐.

 같은 수 찾기 놀이

같은 종류의 장난감끼리 모아 놓아요. 그리고 수를 세어서 수가 같은
장난감끼리 짝을 지어 보세요.

엄마나 아빠랑 둘이 번갈아 가며 주사위 2개를 동시에 굴려 볼까요?
두 주사위의 점의 수가 같아야 이기는 게임을 해 보세요.

칭찬 스티커를
붙이세요.

0~10 수 세기

 1부터 10까지 수를 순서대로 이으세요.

 위 그림에 있는 사물의 수를 각각 세어 ☐ 안에 쓰세요.

완성된 그림에 멋지게 색칠해 봐.

0 1 2 3 4

공룡의 수를 세어 ☐ 안에 쓰세요.

칭찬 스티커를
붙이세요.

수가 같은 것을 찾아 선으로 이으세요.

달걀과 병아리의 수를 각각 세어서 수가 같은 것을 찾아봐.

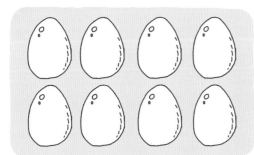

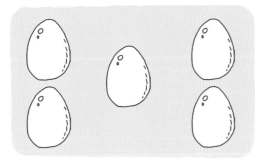

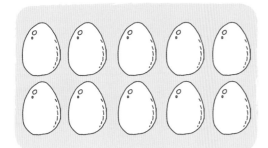

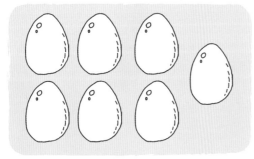

0 1 2 3 4 5

동물의 수를 세어 ☐ 안에 쓰세요.

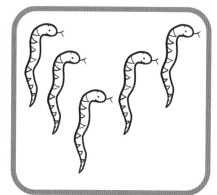

 열 번 하기 놀이

열 번 하기 놀이를 해요. 점프를 열 번 해도 좋고, 박수를 열 번 쳐도 좋아요. 눈을 깜박일 수도 있어요. 그 밖에 열 번 할 수 있는 놀이를 생각해 보세요.

집에서 쉽게 볼 수 있는 물건에는 무엇이 있을까요? 그 물건들의 수를 세어 말해 보세요.

칭찬 스티커를 붙이세요.

6 7 8 9 10

문제를 다 푼 다음, 32쪽으로!

0~10 수의 순서 알기

 수를 순서대로 세어 보고, 다음에 올 수를 ⬜ 안에 쓰세요.

1 2 **3**

1 2 3 ⬜

1 2 3 4 ⬜

1 2 3 4 5 ⬜

그림을 보면서 순서대로 수를 세어 봐.

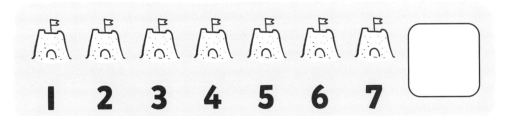

1 2 3 4 5 6 7 ⬜

1 2 3 4 5 6 7 8 9 ⬜

0 1 2 3 4 5

빈 곳에 빠진 수를 쓰세요.

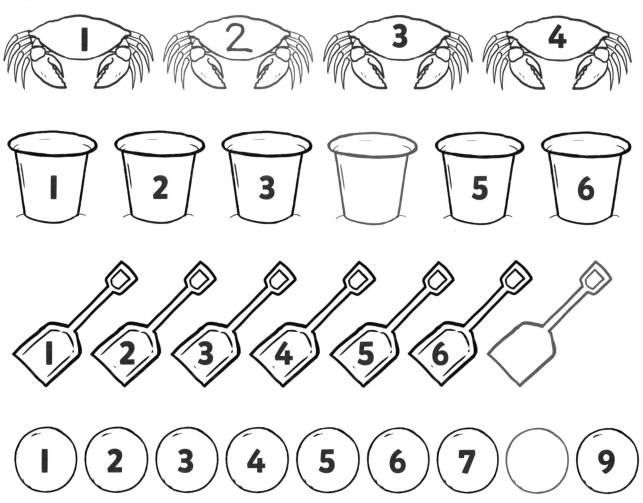

 중간에 빠진 수 찾기 놀이

부모님이 0부터 10까지 중간에 수 하나를 빼고 세어 주세요. 수를 세는 동안
잘 들어야 어떤 수가 빠졌는지 알 수 있어요. 수를 다 세면 "정답!" 하고
외친 다음, 중간에 빠진 수를 큰 소리로 말해 보세요.

빈 카드에 0부터 10까지 숫자를 쓴 다음, 숫자가 보이지 않게 뒤집어서
잘 섞어 주세요. 그리고 카드를 한 장씩 골라 숫자를 확인한 다음,
수의 순서대로 숫자 카드를 놓아 주세요. 중간에 빠진 숫자를 놓을 수 있는
공간을 남겨 두세요. 숫자 카드를 차례대로 다 놓은 다음, 순서대로 수를
세어 보세요.

칭찬 스티커를
붙이세요.

0~10 수의 크기 비교하기

 수를 세어 보고, 수가 더 큰 쪽을 색칠하세요.

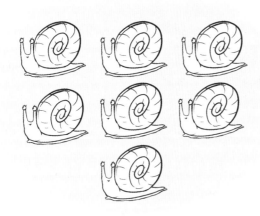

네가 좋아하는 색을
골라 칠하면 돼.

0 1 2 3 4 5

수를 세어 보고, 수가 적은 쪽을 색칠하세요.

 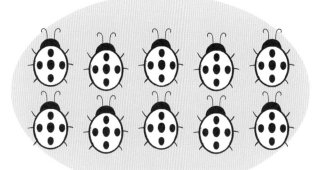

 수 크기 비교하기 놀이

사탕이나 젤리같이 작은 크기의 간식을 그릇에 담아요. 왼손으로 간식을 집어서 모두 몇 개인지 세어 보세요. 다음에는 오른손으로 간식을 집어서 모두 몇 개인지 세어 보세요. 그런 다음, 어느 손으로 잡은 간식의 수가 많은지 말해 보세요.

둘이 짝을 지어 30초 안에 빨간색 물건을 찾아서 가져오는 놀이를 해요. 각각 가져온 물건의 수를 세어 보고, 더 많은 수의 물건을 찾아 온 사람이 이기는 놀이예요.

칭찬 스티커를 붙이세요.

10~0 거꾸로 수 세기

 10에서 0까지 순서를 거꾸로 하여 왼쪽 빈칸에 알맞은 수를 쓰세요.

 숫자를 보고, 그 수만큼 빈칸에 점을 그리세요.

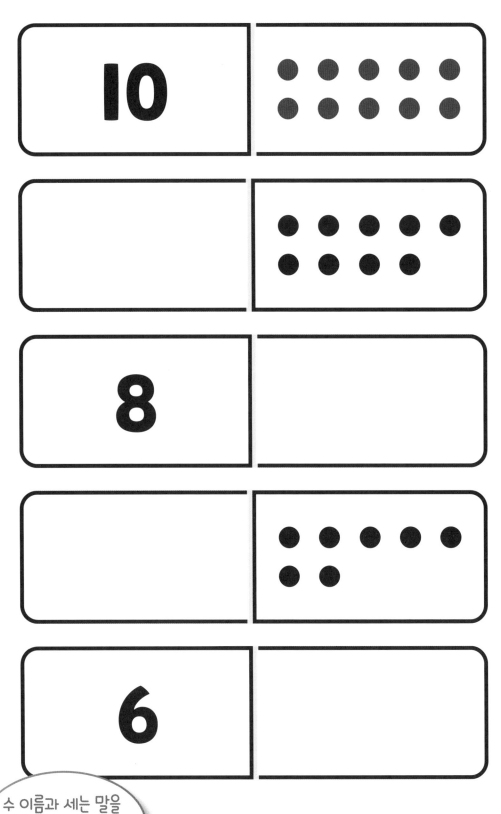

수 이름과 세는 말을
연결해 봐.
10(십)은 열처럼!

0 1 2 3 4 5

거꾸로 수 세기도 재미있지?

칭찬 스티커를 붙이세요.

6 7 8 9 10

나의 실력 점검표

 얼굴에 색칠하세요.

- 😊 잘할 수 있어요.
- 😐 할 수 있지만 연습이 더 필요해요.
- 🙁 아직은 어려워요.

쪽	나의 실력은?	스스로 점검해요!		
2~3	0부터 5까지 숫자를 쓸 수 있어요.	😊	😐	🙁
4~5	0부터 5까지 수를 셀 수 있어요.	😊	😐	🙁
6~7	0부터 5까지 수를 세어 알맞은 숫자를 찾을 수 있어요.	😊	😐	🙁
8~9	0부터 5까지의 수를 센 다음, 1만큼 더 큰 수를 말할 수 있어요.	😊	😐	🙁
10	0부터 5까지 수를 세고 쓸 수 있어요.	😊	😐	🙁
11	6부터 10까지 숫자를 쓸 수 있어요.	😊	😐	🙁
12~13	두 손으로 6부터 10까지 수를 셀 수 있어요.	😊	😐	🙁
14~15	6부터 10까지 물건의 수를 셀 수 있어요.	😊	😐	🙁
16~17	6부터 10까지 두 수를 비교하여 더 많고 적음을 알 수 있어요.	😊	😐	🙁
18~19	6부터 10까지 1만큼 더 큰 수를 말할 수 있어요.	😊	😐	🙁
20~21	6부터 10까지 수를 세어 같은 수끼리 짝 지을 수 있어요.	😊	😐	🙁
22~23	0부터 10까지 수를 셀 수 있어요.	😊	😐	🙁
24~25	0부터 10까지 수를 세어 같은 수끼리 짝 지을 수 있어요.	😊	😐	🙁
26~27	0부터 10까지 수의 순서를 알아요.	😊	😐	🙁
28~29	0부터 10까지 두 수를 비교하여 더 많고 적음을 알 수 있어요.	😊	😐	🙁
30~31	10부터 0까지 거꾸로 셀 수 있어요.	😊	😐	🙁

나와 함께 한 공부 어땠어?

정답

2~3쪽

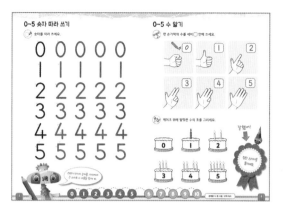

4~5쪽

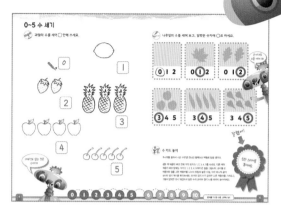

6~7쪽

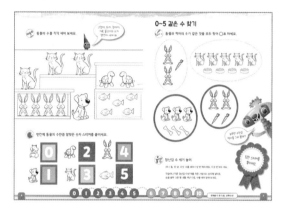

8~9쪽

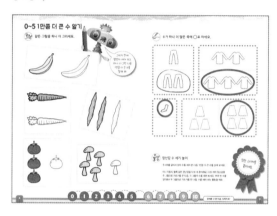

10~11쪽

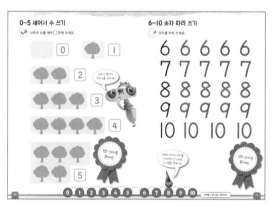

12~13쪽

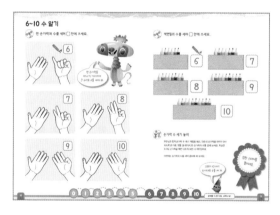

14~15쪽

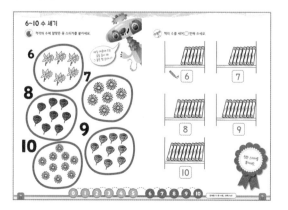

16~17쪽

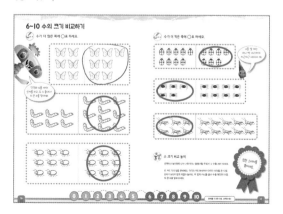

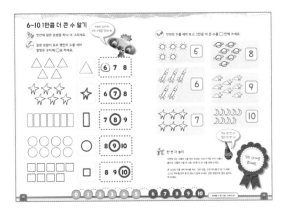

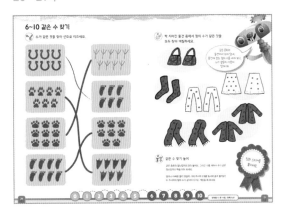

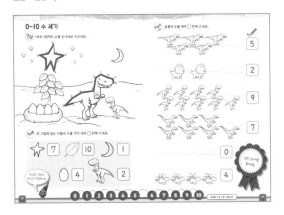

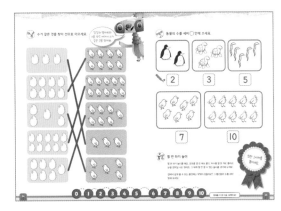

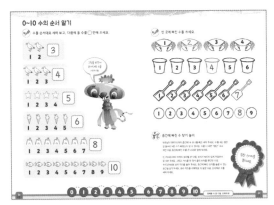

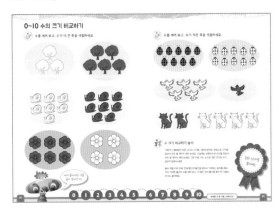

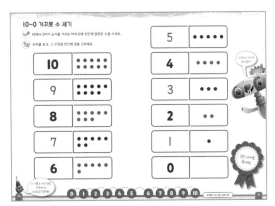

정리 노트

런런 옥스퍼드 수학

1-2 10까지 수 세기

초판 1쇄 발행 2022년 12월 6일
글·그림 옥스퍼드 대학교 출판부 **옮김** 상상오름
발행인 이재진 **편집장** 안경숙 **편집 관리** 윤정원 **편집 및 디자인** 상상오름
마케팅 정지운, 김미정, 신희용, 박현아, 박소현 **국제업무** 장민경, 오지나 **제작** 신홍섭
펴낸곳 (주)웅진씽크빅
주소 경기도 파주시 회동길 20 (우)10881
문의 031)956-7403(편집), 02)3670-1191, 031)956-7065, 7069(마케팅)
홈페이지 www.wjjunior.co.kr **블로그** wj_junior.blog.me **페이스북** facebook.com/wjbook
트위터 @wjbooks **인스타그램** @woongjin_junior
출판신고 1980년 3월 29일 제406-2007-00046호
원제 PROGRESS WITH OXFORD: MATH
한국어판 출판권 ©(주)웅진씽크빅, 2022 **제조국** 대한민국

ISBN 978-89-01-26512-4
ISBN 978-89-01-26510-0 (세트)

잘못 만들어진 책은 바꾸어 드립니다.
주의 1. 책 모서리가 날카로워 다칠 수 있으니 사람을 향해 던지거나 떨어뜨리지 마십시오.
　　 2. 보관 시 직사광선이나 습기 찬 곳은 피해 주십시오.